CATALOGUE

DES LÉPIDOPTÈRES

ou

PAPILLONS DE LA BELGIQUE.

LIÉGE. — IMPRIMERIE DE J. DESOER, LIBRAIRE.

CATALOGUE

DES LÉPIDOPTÈRES

ou

PAPILLONS DE LA BELGIQUE,

PRÉCÉDÉ DU TABLEAU DES LIBELLULINES DE CE PAYS,

PAR

EDM. DE SELYS-LONGCHAMPS,

MEMBRE DE PLUSIEURS SOCIÉTÉS SAVANTES.

LIÉGE,

J. DESOER, IMPRIMEUR-LIBRAIRE, PLACE St.-LAMBERT.

1837.

CATALOGUE

DES

LÉPIDOPTÈRES OU PAPILLONS DE LA BELGIQUE.

TABLEAU DES LIBELLULINES DE LA BELGIQUE.

Nous ne possédons pas encore de faune de la Belgique, quoique beaucoup de naturalistes zélés et travailleurs explorent depuis plusieurs années notre sol. Un tel ouvrage est cependant desiré et serait utile aux amateurs d'histoire naturelle, ainsi qu'aux jeunes gens qui étudient les sciences dans les nombreux établissemens d'instruction supérieure et moyenne qui existent en Belgique.

Je suis convaincu qu'une association de toutes les personnes qui cultivent la zoologie dans notre pays serait seule capable de publier une bonne Faune Belge, surtout lorsque je considère la diversité de terrains et de végétation que présentent nos provinces. Bien plus, il y a telle localité d'une commune où l'on ne rencontre jamais des insectes fort communs dans une autre partie du même territoire. Les bruyères des Ardennes, les montagnes boisées et les rochers des bords de l'Ourthe et de la Meuse, les marais de la Campine et des Flandres, et les plaines du centre de la Belgique nous offrent presque autant de faunes locales différentes.

Dans l'impossibilité d'entreprendre ce travail bien au-dessus de mes forces, je me suis borné à étudier spécialement une des parties du pays : la province de Liége, et à porter mon attention sur quelques séries particulières d'animaux : les Vertébrés d'une part, et les insectes Lépidoptères et Névroptères d'autre part, sans avoir pour cela négligé de recueillir tous les autres genres qui se présentaient à mon observation.

J'ai cherché ensuite à établir des relations avec les naturalistes des autres provinces ; et si quelques-uns d'entre eux veulent bien joindre leur tribut d'observations à celles que nous fesons à Liége, je ne doute pas que d'ici à peu de temps nous ne soyons à même de publier en commun la Faune du pays.

Auparavant il me semble que la meilleure marche à suivre serait de rassembler des catalogues raisonnés. Ceux que je publie aujourd'hui pourront donner une idée de la manière dont je les conçois ; le tableau des Libellulines notamment. Quant à celui des Lépidoptères, qui ne sera complété que d'ici à quelque temps, le défaut de temps m'a empêché de donner, comme je compte le faire plus tard, des détails sur les localités qu'habite chaque espèce.

Au reste, j'ai déjà recueilli les documens nécessaires pour soumettre très prochainement au public (en 1838) la Faune des Mammifères et des Oiseaux de la Belgique, avec la description exacte de toutes les espèces. Je prie instamment les personnes qui auraient rassemblé des observations sur ces deux classes, ainsi que sur les poissons d'eau douce, de vouloir bien me les adresser. Elles peuvent être certaines que je me ferai un devoir rigoureux de conserver à chacun la part qui lui appartiendra dans la confection de cette œuvre, qu'on pourrait appeler nationale, si tous y apportaient leur part de collaboration et d'étude.

La Belgique paraît renfermer près de 800 espèces de Lépidoptères. Parmi eux on en remarque un assez grand nombre que l'on regardait comme exclusivement propres aux parties méridionales de la France, et c'est sous ce point de vue que j'ose espérer que la publication de ce catalogue pourra présenter quelque intérêt pour les naturalistes qui s'occupent de la géographie des insectes.

Il m'eût été impossible d'étendre ce travail aux autres provinces si je n'avais eu le bonheur d'établir des relations suivies avec MM. Polet-de Faveaux et Félicien Fallon pour Namur, et de Koninck pour Louvain et Bruxelles. Tout ce qui dans mon catalogue se rapporte à ces deux provinces est dû en entier aux communications infiniment obligeantes de ces Messieurs. Qu'il me soit permis de leur en témoigner ici toute ma reconnaissance.

Ce travail allait être livré à l'impression lorsque j'ai visité les collections entomologiques de M. le professeur Wesmael (de Bruxelles), qui a publié déjà des monographies pleines de faits nouveaux sur les Hyménoptères de la Belgique. Lui aussi avait rassemblé une collection uniquement composée de Lépidoptères indigènes et il n'a pas hésité à mettre à ma disposition ses nombreuses observations sur ceux du Hainaut et du Brabant, ce qui complètera les familles que je publie aujourd'hui ; mais c'est seulement lorsque j'énumérerai nos Noctuélites que l'on pourra juger de la richesse de la collection de M. Wesmael, ainsi que des services qu'il rend à ma publication.

J'ai aussi trouvé à Liége des collaborateurs zélés ; je veux parler de MM. Donckier-Huart et A. Carlier. On verra par le relevé de leurs principales découvertes combien ils ont enrichi la Faune de la province de Liége.

M. Ch. Donckier a particulièrement dirigé son attention sur les environs de Huy et sur quelques parties de l'Ardenne. Je citerai les espèces suivantes comme ayant d'abord été rencontrées par lui : Polyommatus spini, Dorylas, Satyrus arcanius, Hesperia actæon, Fritillum, Sphinx pinastri, Lineata, Sesia nomadæformis, Procris globulariæ, Gastropacha ilicifolia, Harpia fagi, Notodonta trepida, Pygœra curtula, Reclusa, Lithosia ancilla, Aureola.

M. A. Carlier, conservateur de l'Université de Liége, m'a indiqué la Melithea dyctinna, le Sphynx Nerii, les Sesia asiliformis et spheciformis, le Notodonta bicolora, le Psyche albida et plusieurs espèces rares de nocturnes que nous citerons plus tard.

A M. L. de Koninck revient, comme je l'ai annoncé, tout ce

que je dirai des espèces des environs de Louvain, qu'il a explorés avec bonheur ; il m'en a cité de très remarquables , comme : Polyommatus virgaureœ, Argynnis adippe var : Cleodoxa, Paphia var : valezina , Nymphalis populi , Camilla , Hesperia proto, Altheœ, Thyris fenestrina , Sphinx nerii , Celerio , Smerinthus quercus , Synthomis Phegea , Endromis versicolora , Platypteryx unguicula , Notodonta carmelita , Chelonia urticœ.

M. Th. Polet, juge au tribunal de Namur , a rencontré près de cette ville le Polyommatus amyntas , le Sph. Galii , le Bombyx castrensis, les Orgya fascelina et coryli , les Lithosia unita et complanula , et plusieurs Lépidoptères rares que depuis nous avons retrouvés ailleurs.

M. Félicien Fallon , qui a fait des excursions dans les environs de Dinant et de Namur , m'a indiqué les Polyommatus Hylas et Pruni, la Nymphalis populi , les Bombyx betulifolia , Cratœgi, Populi , Tritophus , Dictœoïdes , Dodonœa et l'Emydia cribella.

Je dois à M. Wesmael la connaissance des espèces suivantes : Sesia culiciformis, Hylœiformis, Vespiformis, Bombyx velitaris torva , Dicranura erminea , Lithosia griseola , Muscerda , Platypteryx sicula.

Enfin s'il m'est permis de parler de moi-même , je crois devoir citer parmi mes captures celles des papillons suivans :

Polyommatus arion , Alsus , W—album , Nymphalis iris , Melithea maturna , Cinxia , Satyrus davus , Hesperia Alveus , Fritillum , Sao , Lineola , Sphinx galii , Zygœna lonicerœ , Trifolii , Sesia ichneumoniformis , Hepialus humuli , Bombyx pruni , Liparis V—Nigrum , Sericaria fascelina , Psyche nitidella , Lithosia mundana.

Je ferai observer que quelques-unes de ces espèces ont été reprises depuis par d'autres amateurs.

Voici les localités qui ont paru jusqu'ici les plus riches en Lépidoptères :

PROVINCE DE LIÉGE.

La montagne aride au-dessus du rocher appelé Carrière-du-Prince , située sur l'Ourthe , près de Tilff , en face de Colonster.

Les bois St.-Jean entre l'Ourthe et la Meuse, à une lieue de Liége.

Les bords de l'Ourthe et notamment Logne.

Les montagnes des environs de Huy, celles de Chokier, Tihange, les bois de la Neuville-en-Condroz. Etc.

PROVINCE DE NAMUR.

La forêt de Marlogne, les bois élevés entre la Meuse et la Sambre.

Ossogne, près de Ciney.

Annevoye, Dinant et les montagnes arides des bords de la Meuse.

PROVINCE DE LUXEMBOURG.

Bomal et Durbuy.

Les bois de St.-Hubert.

Les environs d'Arlon.

PROVINCE DE BRABANT.

Le bois d'Éverlé, près de Louvain.

La forêt de Soigne et le bois de la Cambre.

Et dans la province de Hainaut les bois de Charleroi.

Il nous manque des renseignemens sur les bruyères de la Campine anversoise et limbourgeoise, sur les bois de la Flandre et sur le midi de la province du Luxembourg. Nous signalons ces parties aux entomologistes comme n'ayant été que peu explorées jusqu'ici.

J'ai noté avec exactitude le temps de l'éclosion de chaque espèce, mais n'ayant pu le faire le plus souvent pour celles que j'ai observées moi-même, il y a quelques lacunes dans ces indications. Je ferai observer aussi que ces notes ont été prises la plupart en 1835 et 1836, et que la constitution atmosphérique de chaque année retardant ou avançant l'époque de l'éclosion, il ne serait pas étonnant de rencontrer les papillons 15 jours plus tôt ou 15 jours plus tard que l'époque indiquée.

Liége, 21 mars 1837.

TABLEAU

DES

LIBELLULINES QUI SE TROUVENT EN BELGIQUE.

Peu de personnes s'occupent de l'étude des insectes Névroptères. Plusieurs familles de cet ordre sont cependant fort remarquables sous le triple point de vue d'organisation, de grandeur et de beauté. D'autres, comme les Friganides et les Éphémérides, offrent encore un vaste champ de découvertes, même en Europe, à ceux qui cherchent à fixer définitivement les caractères des diverses espèces. La même obscurité régnait sur le grand genre *Libellula* de Linné, avant les travaux de Vanderlinden, enlevé si jeune à la science. C'est la lecture de son excellente monographie des Libellulines d'Europe qui m'a engagé à rechercher ces insectes, afin de déterminer quelles sont les espèces qui font partie de la Faune Belge. Je n'ignorais pas que Vanderlinden avait étudié avec l'exactitude qui le caractérisait les Libellulines des environs de Bruxelles; mais je savais aussi qu'il n'avait pas exploré la province de Liége, cette mine si riche pour les Entomologistes. Mes chasses ont été en partie couronnées de succès, puisqu'aux vingt-six espèces que Vanderlinden signalait en Belgique j'en ajouterai six, dont deux nouvelles. Les autres avaient déjà été décrites, mais comme se trouvant en Italie seulement.

J'ai pris note de l'époque d'apparition de toutes les espèces dans notre pays, ainsi que du genre de localité qu'affectionne chacune d'elles. Le tableau que je soumets aujourd'hui aux naturalistes n'est que le résumé de ces observations.

On trouvera avec raison qu'un semblable travail peut être fait par tous ceux qui récoltent des Libellulines. J'en conviens;

mais comme il n'avait pas encore été fait pour la Belgique , j'ai cru qu'il pourrait au moins servir à guider les recherches ultérieures de nos Entomologistes.

Les Libellulines que Vanderlinden indique aux environs de Bruxelles et que je n'ai pas encore observées dans la province de Liége sont au nombre de cinq : Libellula conspurcata, dubia, metallica et flavomaculata, Æshna rufescens. On verra que je n'ai pu, par cette raison, indiquer positivement l'époque de l'éclosion.

Celles que j'ajoute aux espèces indigènes sont : Libellula cœrulescens et nigra, Æshna formosa, Petalura flavipes (nob.) et Unguiculata et Agrion aurantiaca (nobis).

Dans l'état actuel de la science on pourrait indiquer comme point d'étude les lois auxquelles sont soumises les diverses variétés d'*Agrion Virgo* (L.). Elles offrent cela de particulier que plusieurs paraissent très constantes sans qu'il ait été possible jusqu'ici d'y reconnaître les types de plusieurs espèces. Il serait à desirer qu'on élevât leurs larves, ce qui est fort difficile. Quant à moi je suis porté à soupçonner que toutes ces variétés ne peuvent se trouver dans une même ponte.

TABLEAU DES LIBELLULINES DE LA BELGIQUE.

Nota. Le chiffre 1 ou 2 joint au nom d'un mois indique que l'insecte paraît dans la première ou dans la seconde quinzaine de ce mois.

GENRE 1er. — LIBELLULA. *L. et auct.*

1.	*Depressa* L. et auct. . . . . . . / Var. fœminæ similis mas.	Très commune partout sur les eaux en juin, juillet.
2.	*Conspurcata* fabr. Vanderl. . . / Var. fœminæ similis mas.	Bruxelles, dans les bois, au printemps (Vanderl.).
3.	*Quadrimaculata* L. et auct. . . . / Maris varietates plures.	Assez commune dans les prairies, en juin.
4.	*Cancellata* L. lat.	Commune sur les eaux, en juin.
5.	*Cœrulescens* fab. Vanderl. . . . / Var. fœminæ similis mas.	Assez commune dans les champs de la prov. de Liége en juin 2, juillet.
6.	*Vulgata* L. et auct. . . . . . . / Var. *mas.* abdomin. sanguines.	Très commune partout depuis l'été jusqu'au mois d'octobre.
7.	*Flaveola* L. et auct. . . . . . . / Var. Alis vix flavescentibus.	Commune dans les grands bois en juillet, rare ailleurs, paraît souvent jusqu'en octobre.
8.	*Nigra* Vanderl.	Très rare, observée dans les prairies des bords du Geer à la fin d'avril.
9.	*Dubia* Vanderl. . . . . . . , . . / Rubicunda? L.	Prise une seule fois à Gheel par M. Robyns en été (Vanderl.)
10.	*Ænœa* L. et auct.	Se trouve, mais très rarement, sur les bords du Geer; aussi à Bruxelles, en mai, juillet.
11.	*Metallica* Vanderl.	Des environs de Bruxelles (Vanderl.) et d'Anvers.
12.	*Flavomaculata* Vanderl.	Prise une seule fois à Gheel par M. Robyns (Vanderl.)

GENRE 2. — ÆSHNA. Latr.

* *Bord anal des secondes ailes arrondi dans les deux sexes.*

13.	*Formosa* Vanderl.	Assez commune sur les étangs des bords du Geer (prov. de Liége), juin 2, juill.
14.	*Rufescens* Vanderl. . . . . / Quadrifasciata B. Muller.	Bruxelles (Vanderl.), Anvers.
15.	*Grandis* L. et auct. . . . . / Quadrifasciata Mull.	Sur les eaux, peu commune, juillet-août.
16.	*Mixta* Latr. Vanderl. . . . . . . / Var. a Vanderl. / Var. B. Vanderl.	Sur la lisière des bois, assez rare ; commune aux environs de Bruxelles, juillet.

17. *Vernalis* Vanderl . . . . Dans les prairies , peu commune en juin-juillet près de Liége , fréquente aux environs de Bruxelles, selon M. Vanderlinden , au printemps.

18. *Annulata* Latr. Vand . . . . . Je l'ai prise une seule fois dans les bois des bords de l'Ourthe au commencement de juin ; aussi , dit-on , dans les environs de Bruxelles.

** *Bord anal des secondes ailes subitement anguleux chez le mâle.*

19. { *Maculatissima* Latr. Vand. . . — Très commune dans les jardins et sur les étangs , depuis la fin de juillet jusqu'au commencement d'octobre.
{ Juncea? L.
{ Cyanea *mas.* Mull.

GENRE 3. — PETALURA. Leach. Vanderl.

20. *Forcipata* auct. (non Lin.) . . . Très commune dans les prairies humides et sur les eaux , mai-juin.

21. { *Flavipes* (Nobis) . . . . Je l'ai prise assez abondamment dans les prairies à Longchamps-sur-Geer , jamais sur l'eau , en juin 1 ; aussi près de Louvain.
{ Forcipata B. Vanderl.

22. { *Unguiculata* Vanderl . . . . . Assez commune dans les montagnes boisées des bords de l'Ourthe , juin 2 , juillet.
{ Forcipata L. (non auct.)
{ Viridicincta Degeer.

GENRE 4. — AGRION. Latr.

* *Alis coloratis.*

23. *Virgo* L. et auct.

A. Alis cœrulescent. *Mas.* { Var. *Mas.* Alis albis fascia transversâ viridi-cærulea.
— Virescentib. *Fœm.* { Id. id. Alis nigro cæruleis apice hyalinis.
{ Var. *Fœm.* Alis virescentibus macula marginali alba.
{ Id. id. Alis virescentibus immaculatis.

B. Alis fuscescentibus. *Mas.* { Var. *Mas.* Alis fuscescentibus immaculatis.
— Rufofuscis. *Fœm.* { Var. *Fœm.* Alis rufofuscis macula marginali alba.
{ Id. id. Alis rufofuscis immaculatis.

Très communes partout en été.

* *Alis albis.*

A. Cellulis pentagonis.

24. { *Viridis* Vanderl . . . . Très rare aux environs de Liége , se trouve dans les jardins ; je l'ai prise une fois à la fin de mai et une seconde fois le 25 septembre.
{ Puella A. L.

25. *Fusca* Vanderl. . . . .   Assez commune dans les montagnes boisées des bords de l'Ourthe ; aussi aux environs de Bruxelles , 1er. août.

B. Cellulis tetragonis.

26. { *Platypoda* Vanderl.
     { Puella K. Gm.
     {   Var. *A*. Cærulea . . . . . .   Comm. sur le bord des eaux , juin-août.
     {   Var. *B*. Albidella Devillers. . .   id.   id.   août.

27. { *Pulchella* Vanderl. . . . . . .   Commune sur le bord de l'eau , juin.
     { Plures varietates.   Juillet.
     { Var. Violacea. . . . .   Assez rare.

28. *Puella* L. et auct. . . . . . .   Commune au commencement de l'été.

29. *Elegans* Vanderl. . . . .   Environs de Bruxelles.

30. *Analis* Vanderl. . . . .   Rare ; sur les étangs des forêts des environs de Bruxelles (Vanderl.); aussi dans les montagnes boisées de l'Ourthe, en été.

31. { *Sanguinea* Vanderl. . . . . . .   Commune dans les bois et les jardins , juin-juillet, 1er.
     { Puella *B. L.*

32. *Aurantiaca* (Nobis). . . . . .   Prise une seule fois sur le canal de l'Ourthe à Angleur , près Liége , par M. A. Carlier , au commenc. d'août.

DESCRIPTION

DE LA

PETALURA FLAVIPES (nob.) ET DE L'AGRION AURANTIACA (nob.)

§ 1er. — *PETALURE A PIEDS JAUNES.*

PETALURA FLAVIPES. (1).

Vanderlinden, dans sa monographie des Libellulines d'Europe, n'indique en Belgique que la *Petalura forcipata*. J'y ai trouvé depuis sa *Petalura unguiculata* et une espèce nouvelle que je nommerai *Petalura flavipes*.

Par le facies elle tient le milieu entre les deux espèces précédentes, quoique l'organisation de ses appendices anaux la rapproche infiniment plus de la *Forcipata*. Une description comparative avec celle-ci semble par conséquent ce qu'il y a de plus propre à la faire connaître.

P. FORCIPATA (auct.)	P. FLAVIPES (nob.)
Pieds *noirs* (avec une petite tache jaune sur les postérieures seulement).	Pieds *jaunes* avec deux lignes noires sur leur longueur, tarses des postérieurs jaunes.
Abdomen marqué d'une strie dorsale jaune *interrompue* sur les trois derniers segmens, qui sont noirs en dessus.	Abdomen marqué *dans toute sa longueur* d'une strie dorsale jaune.
Bord de la côte des ailes *noirâtre*. Les trois derniers segmens de l'abdomen notablement élargis, dans les mâles surtout.	Bord de la côte des ailes *jaune*. L'extrémité de l'abdomen peu élargie, ce qui donne à cette partie une forme effilée.

(1) J'en ai envoyé la description sous ce nom à la Société Entomologique de France en février 1836. Voilà ma date. Ce n'est qu'avec répugnance que je me hasarde à établir de nouvelles espèces, maintenant qu'il est si difficile de se tenir au courant de toutes les publications qui se font non-seulement dans les traités spéciaux, mais encore dans les recueils périodiques des villes de province.

Par la forme de l'abdomen et la disposition des stries noires du thorax la *P. flavipes* se rapproche de la *P. unguiculata*, tandis que les appendices anaux du mâle ne diffèrent presque point de ceux de *la forcipata*.

J'aurais pu, par une description détaillée, faire sentir plusieurs autres différences entre l'ancienne et la nouvelle espèce; mais je crois que ce que j'en ai dit suffit pour qu'on ne les confonde plus à l'avenir.

Vanderlinden avait pris en Italie le mâle de la Flavipes; mais, d'après cette observation incomplète, il n'avait osé le décrire que comme variété de la Forcipata.

Je l'ai prise assez abondamment dans la première quinzaine de juin à Longchamps-sur-Geer, dans les prairies. J'en ai vu depuis un individu dans une collection à Louvain.

§ 2. — *AGRIONE ORANGÉE.*

AGRION AURANTIACA.

Tête d'un noir bronzé en dessus, rousse en avant; yeux d'un vert jaunâtre, un point rond orangé derrière chacun. Thorax noir bronzé en-dessus, citron en dessous, orangé sur les côtés. Abdomen d'un vert jaunâtre en dessous. 1er. segment rouge orangé en dessus. 2e. de même, mais noir à la base. 3e. bronzé, orangé ensuite. Les 4e., 5e., 6e., 7e., 8e. et 9e., d'un noir bronzé, avec les articulations et les côtés d'un rouge orangé.

Le 10e., noir bronzé. Les appendices anaux et les pieds jaunâtres. Nervures des ailes, teintées de jaune. Tache marginale orangée. (La femelle).

Longueur, 14 lignes. — Envergure, 17 lignes.

Cette espèce paraît nouvelle. Elle ne se laisse du moins rapporter à aucune de celles décrites par Vanderlinden. C'est d'Agrion rubella, analis et elegans de cet auteur, qu'elle est la plus voisine. Elle est au contraire très éloignée par les formes d'Agrion sanguinea, avec laquelle elle n'a de commun que la couleur rougeâtre.

Je dois à la générosité de mon collègue et ami M. A. Carlier, de Liége, la possession de l'unique individu de cet espèce qu'il a pris à Angleur, près de Liége, en août 1833.

CATALOGUE

DES

LÉPIDOPTÈRES DE LA BELGIQUE.

OBSERVATIONS ET ABRÉVIATIONS.

L. Province de Liége.
N. Id. de Namur.
B. Id. de Brabant.
A. Ardenne et Luxembourg.
r. Espèce rare.

Les espèces dont le nom n'est pas suivi de l'une ou l'autre de ces lettres se trouvent dans ces quatre provinces, et généralement aussi dans toute la Belgique.

Les chiffres 1 et 2, à la suite du nom des mois, marquent que le papillon paraît dans la première ou dans la seconde quinzaine du mois.

Les astérisques * qui précèdent la dénomination des espèces indiquent celles qui ne se rencontrent que dans les montagnes et les forêts, ou dans de petites localités.

J'ai désigné les collections où se trouvent les papillons qui n'ont encore été pris qu'une seule fois en Belgique (à ma connaissance au moins).

La nomenclature suivie est celle de M. Boisduval : *Index methodicus* (pour les noms spécifiques). Chaque fois que je m'en écarterai, je citerai les auteurs dont j'adopterai les dénominations.

FAMILLE 1re. — DIURNES.

TRIBU 1re. PAPILLONIDES.

Papilio (1) *Latr.*

1.   *   Podalirius . . . . . L. N. A. .   mai 2, juin 1.

---

(1) M. Ch. Comhaire, de Liége, m'assure avoir vu prendre un *Parnassius apollo* à Esneux, sur l'Ourthe, province de Liége.

2.	Machaon.	mai. juillet. septembre.
	Var. *Sphyrus* Hubn. (L.). Var. *Aurantiaca* (B.) (Collect. de M. de Koninck).	

Picris, *Lat.*

3.	Cratægi.	juin.
4.	Brassicæ.	mai. juillet. septembre.
5.	Rapæ.	Presque toute l'année.
6.	Napi	mai. juillet. septembre.
	Var. *Nigrovenosa* (Nob.)	
7. r.	Daplidice	juillet 2. 3 septembre.
8.	Cardamines.	avril 2. mai. juin.

Leucophasia, *Devillers.*

9.	Sinapis.	mai 2, juin 1. juillet 2.
	Var. *Erysimi Borkh.*	

Colias, *Lat.*

10.	Edusa	mai 2, juin 1. août 2, sept.
	Var. *Helice* Hubn. tr. rare (Collect. de M. de Sélys).	
11.	Hyale.	mai 2. juillet. septembre.

Gonopteryx , *Leach.*

12.		Rhamni.		juin-juillet. août-sept. hiver.

Polyommatus , *Lat.*

13.		Betula		août 2, sept.
14.	* r.	Runi. . . . . . . N. . .		
15.		Lyncœus		juillet 1.
		Var. *Cerri* , Hubn.		
16.	* r.	Spini . . . . A. . .		juillet 1.
17.	* r.	W–Album		juillet 2.
18.	*	Rubi		mai 2, juin 1.
19.		Quercus		juillet.
20.	*	Amyntas var. Tiresias (1)? L. N.		juill. 2, août 1.
		Var. *Minor* (Nob.) tr. rare. L. N.		mai 2, juin 1.
21.		Xanthe		juin 1. juill. 2, août.
		Var. Fœm. *Obscurior* rare.		
22.		Phlœas		juin-juillet. août 2, sept.
23.	* r.	Chryseis . . . . A.		juillet?
24.	* r.	Virgaureœ . . . . . A. B.		juillet.
25.	*	Hylas. . . . . . . N.		juin?
26.	*	Ægon		juillet.
27.	*	Agestis . . . . . . L. N. A.		mai 2, juin 1. juill. 2, août 1.
28.		Alexis.		juin. juillet. août-sept.
		Var. Minor. *Nob.*		

(1) Si le Tiresias forme une espèce distincte et si elle est caractérisée par la couleur de la femelle dont les ailes sont *saupoudrées de bleu*, nous n'aurions que le Tiresias en Belgique.

29. * r. Dorylas . . . . L. A.   juillet.

30. *   Adonis . . . . . . L. N. A. { juin 1.
                                       aôut.

31. *   Corydon. . . . .   juill.2, aôut 1.
32. *   Arion. . . . . . . L. N. A.   juillet.

33.   Argiolus . . . . { avril 2, mai 1.
                                    juill.2, aôut 1.

34.   Acis . . . . { juin 1.
                                     juill.2, aôut 1.

35. *   Alsus. . . . . L. N. A. { mai 2, juin 1.
                                        juillet 2.

TRIBU 2ᵉ. NYMPHALIDES.

Nemeobius, *Boisd.*

36. * r. Lucina . . . . L. N. A.   mai.

Apatura, *Fab.*

37.   Iris. . . . .   juin 2, juill. 1.
38. * r. { Ilia . . . .   juillet.
           Var. *Clythia.* Hubn. . . N. B. juillet.

Nymphalis, *Latr. Bd.*

39. * r. { Populi. . . . . N. B.   juin 2.
           Var. *Tremulæ Boisd.*   N. B.

Liminitis, *Fab.*

40.   { Sybilla . . . .   juillet.

           Var. *Obscurior Nob.* tr. r. (Col-
           lection de M. Wesmael.)

41. * r. Camilla. . . . . . . B. . . .   juin 2.

Vanessa, *Fab.*

42. r. { Prorsa . . . . { mai 1.
                                      juillet.
          Var. *Levana auct.* . . . . . juillet.

43.	Cardui	. . . .	{ juillet. septembre.
44.	Atalanta	. . . .	{ été. avril.
45.	Antiopa	. . . .	{ août. avril.
46.	Io,	. . . .	{ avril. été.
47.	Polychloros	. . . .	{ avril. juillet-août.

| 48. | { Urticæ . . . .
 { Var. *Ichnusioides* (1), *Nob.* | { avril.
 juillet.
 automne. |
| 49. | { C-Album . . . .
 { Var. *Obscurior*, *Nob.* . . . . . | { juillet.
 { septembre.
 mars. |

Argynnis, *Fab.*

50.	°	{ Paphia . . . . { Var. Fœm. *Valesina*, *Esp.* N. B.	juillet.
51.	°	Aglaïa	juillet, 1.
52.	°	{ Adippe . . . . B. . { Var. *Cleodoxa*, *Esp.* r. . B. .	juillet I.
53.		Lathonia	{ mai. été.
54.		Dia.	{ mai. juillet-août.

---

(1) Cette variété accidentelle très singulière a été prise une seule fois à Huy. Les taches de ses ailes supérieures ne sont qu'au nombre de quatre, comme dans la *V. ichnusa* de Corse, dont elle imite tout-à-fait les caractères. Elle fait partie de la collection de M. Ch. Donckier.

| 55. | | Selene . . . . | { juin.
{ août 1. |
| 56. | | Euphrosine . . . . | { mai 2, juin 1.
{ août. |

Melithea, *Fab.*

57.	* r.	Maturna (Collt. de M. de Selys). L.	15 juin.
58.	*	Arthemis	mai 2, juin 1.
59.		Cinxia	juin 1.
60.		Athalia. . . . . Var. Navarina, *Nob.* (Alis nigris fascia maculari fulva), tr. r. B. Var. Ilisopa, *Nob.* (Alis fulvis leviter fusco reticulatis inferioribus subtus fere albis), tr. r. L. (Collect. de M. de Selys).	mai 2, juin 1.
61.	* r.	Dictynna	juin 1.

Arge, *Boisd.*

| 62. | * | Galathea . . . . | juillet 1. |

Satyrus, *Lat.*

63.		Semele.	{ du 10 juillet { au 10 août.
64.		Janira . . . . Var. *Hispulla*, Hubn.	juin 2, juill. 1.
65.		Tithonus	juill. 2, août 1.
66.	*	Mœra . . . . L. N. A. . .	juin-juillet.
67.		Megœra	{ mai. { juill. 2 et presque tout l'été.
68.		Ægeria.	{ avril 2, mai { juillet. { octobre, 1.
69.		Hyperanthus . . . . Var. *Arete*, *Mull.* rare.	juillet.

70.	*	Hero	juin.
71.	*	Arcanius	juillet 1.
72.	* r.	Davus (Collect. de M. de Selys). L.	juin 2.
73.		Pamphilus.	mai 2, juin-juillet-août-septemb. 1.

TRIBU 3ᵉ. HESPERIDES.

Hesperia , *Lat.* , *Boisd.*

74.		Lineola . . . L. N. A. . .	juillet
75.		Linea	juin 2. juillet
76.	*	Actæon. . . . L. A. . .	20 juillet.
77.	*	Sylvanus	juin 2, juill. 1.
78.	*	Comma	août.

Steropes , *Boisd.*

79.	* r	Panicus	mai 2.

Syrichtus , *Boisd. Devillers.*

80.		Tages.	mai 2, juin 1.
81.		Malvæ.	1er. juin. / juill. 2, août.
82.	* r.	Atheæ. (Coll. de M. de Koninck). B.	mai ?
83.	*	Alveus? Hubn. (non Ochs.) L. N. A.	juin 1.
84.	*	Fritillum ? God (1). . L. A.	20 juillet.
85.		Alveolus. . . . . / Var *Tarras*, Bergstr. *	mai 2, juin.
86.	* r.	Proto. (Coll. de M. de Koninck). B.	juin ?

(1) Je ne suis pas certain que les deux espèces, nommées ici Alveus et Fritillum, répondent bien à celles appelées ainsi par les auteurs. Il se pourrait que notre Fritillum fût le même que celui de Hubner, qui est regardé, à tort, comme une simple variété de taille de l'*Alveolus*. Dans ce dernier cas il faudrait employer une nouvelle dénomination pour le désigner. Je proposerais *Fritilloïdes*. Je donnerai la description et la synonymie exacte de ces deux espèces dans la seconde livraison de ce catalogue.

87. * Sao . . . . L. N. { du 15 mai au 8 juin. août 1.

FAMILLE 2e. CREPUSCULAIRES.

TRIBU 1re. SESIAIRES.

Thyris, *God.*

1. * r Fenestrina . . . . . L. B.   mai 2, juin.

Sesia, *Lat.*

2.   Tipuliformis . . . . juin 1
3. * r. Nomadœformis. (Collection de M. Donckier). L.
4. * r. Culiciformis. (Collection de M. Wesmael). B.
5. * r. Mutillæformis . . . . juillet 1.
6. * r. Melliniformis . . . . juillet 1.
7. * r. Ichneumoniformis . . . . . . juillet.
8. * r. { Vespiformis, God . . . B.
{ Cynipiformis, Boisd.
9. * r. Chrysidiformis . . . . L.   juin.
10. * r. Hylœformis. (Collect. de M. Wesmael) . . . . . . B.
11. * r. Spheciformis . . . . . L. B.   juin ?
12. * r. Asiliformis . . . . . . L. B.   juin 2.
13.   Apiformis (1) . . . . juin, juillet.

---

(1) Ochseinheimer mentionne comme de la Belgique une Sesia *Bembeciformis*, qui nous est inconnue.

TRIBU 2e. SPHINGIDES.

Macroglossa, *Ochs.*

14.		Fuciformis, God.	mai 2, juin 1.
15.	✻	Bombyliformis, God.	mai 2, juin 1.
16.		Stellatarum	mai. septembre et presque toute l'année.

Sphinx, *Lat. Ochs.*

17.		Ligustri	juin 2.
18.		Convolvuli	juin. septembre.
19.	r.	Pinastri	juin, juillet.

Deilephila, *Ochs.*

20.	r.	Nerii. . . . . L. B.	septembre (1).
21.		Elpenor.	juin.
22.	r.	Porcellus	juin.
23.	r.	Celerio. (Coll. de M. de Koninck) B.	
24.	r.	Lineata . . . . L. B.	
25.	r.	Galii.	juillet.
26.		Euphorbiæ.	juin.

Acherontia, *Ochs.*

27.		Atropos	septembre.

Smerinthus, *Lat.*.

	Tiliæ	mai.
28.	Var., rufescens ferè immaculata. (Collect. de M. Donckier).	

---

(1) On en a pris à diverses époques, mais en 1855 et 1856 il a été assez répandu en Belgique. On sait qu'il en a été de même pour le nord de la France.

29. Ocellata . . . . mai.

30. { Populi . . . . mai, juin 1.
  { Var., rufescens, *nob.*

31. r. Quercûs. (Coll. de M. de Koninck).

TRIBU 3ᵉ. ZYGENIDES.

Zygœna, *Fab.*

32. Filipendulæ . . . . juin 2, juill. 1.
33. r. Loniceræ . . . . A. 20 juillet.

34. { Trifolii . . . . juin.
  { Var., *Minoïdes nob.* mac. con-
   fluentibus.

Syntomis, *Latr.*

35. Phegea . . . . B. juillet.

TRIBU 4ᵉ. PROCRIDES.

Procris, *Fab. Lat.*

36. Statices . . . . juin.
37. Globulariæ. . . . . L.

FAMILLE 3°. NOCTURNES.

SECTION 1re. BOMBYCES (1).

(*Tribus des Hépialites. — Bombycites et Pseudobombycites*).

—————

TRIBU 1re. HÉPIALITES, *Lat.*

Zeuzera, *Lat.*

1. r. Æsculi. . . . . juillet.

Cossus, *Fab.*

2. Ligniperda . . . . juill. , août 1.

Hepialus, *Fab.*

3. Sylvinus . . . . du 25 août au
                                        3 septembre.

4. r. Lupulinus . . . . B.
5. . . . (Nov. species ?—Collect.
              de M. Wesmael). B.

6. { Hectus. . . . . juin.
     { Var. *Nemorosa. Hubn.*

7. r. Humuli . . . . juin 2.

TRIBU 2e. BOMBYCITES.

Sous-tribu 1re. *Cochliopodi.* Bd.

Limacodes, *Lat.*

8. Testudo . . . . juin, juill. 1.

---

(1) Les Hépialites se lient aux crépusculaires par les stygia ; les Psychés s'en rapprochent également, tandis que certains chéloniens forment le passage naturel des Zygénides aux Nocturnes, d'une part, et des lithosies aux tincites d'autre part. Dans l'impossibilité de présenter une méthode en harmonie avec ces rapports naturels et avec les nouvelles divisions introduites d'après les premiers états de ces Lépidoptères, je me borne à les donner répartis en petites tribus qui répondent presque toutes à celles de Boisduval. Les Hépialites et les Pseudobombycites (chéloniens) sont bien caractérisés ; mais les autres tribus n'offrent guère de caractères communs entre elles.

Sous-Tribu 2ᵉ. *Bombycini*.

Gastropacha, *Ochs*.

9.	r.	Ilicifolia	mai ?
10.	r.	Betulifolia.	mai.
11.	r.	Populifolia	juin, 2.
12.		{ Quœrcifolia	juillet.
		{ Var. alnifolia ? Ochs. (rare). B.	

Lasiocampa, *Schrank*.

13.	r.	Pruni	juillet 1.
14.		{ Potatoria	vers le 15 juil.
		{ Var. (Maris colore fœmina).	

Bombyx, *Boisd*.

15.	r.	Trifolii . . . . . . N. B.	juillet.
16.		{ Quercûs	juillet.
		{ Var. (Maris colore fœmina).	
17.		Rubi	mai, juin 1.
18.	r.	Dumeti	octobre.
19.	r.	Populi.	octobre.
20.	r.	Cratægi. (Collect. de M. Fallon.) N.	septembre ?
21.		Processionea	août 1.
22.		Lanestris	mars 2, avril 1.
23.	r.	Castrensis.	juillet?
24.		{ Neustria	juillet 1.
		{ Var. (Alis superioribus strigis contiguis).	

Saturnia, *Schrank*.

25.		{ Pavonia minor	mai.
		{ Carpini, Boisd.	

Aglia, *Ochs*.

26.	•	Tau.	avril.

Endromis , *Ochs.*

27. * r. Versicolora . . . . mars 2, avril 1.

Sous-tribu 3. *Aposuri* , Latr.

Plàtypteryx , *Lasp.*

28. { Falcula . . . . { mai-juin.
{ Var. Pallida , *Nob.* { août.

29. r. Curvatula . . . . juillet 1.

30. Hamula . . . . { mai.
{ juillet.

31. r. Unguicula . . . B. . . . { mai?
{ juillet.

32. r. Sicula (Coll. de M. Wesmael). B.
33. Lacertula. . . . . juin.

Drepana , *Schranck.*

34. Spinula . . . . juin.

Harpya , *Och.*

35. r. Fagi . . . . juin..

Dicranura , *Lat.*

36. { Vinula . . . . mai.
{ Var. Minax , Hubn.

37. r. Erminea (Coll. de M. Wesmael). H. mai?
38. Furcula . . . . avril-mai.

Sous-tribu 4. *Pseudobombycini.*

Notodonta , *Ochs.*

39. Camelina. . . . . juillet.
40. r. Carmelita (C. de M. de Koninck). B. juin ?
41. Dromedarius. . . . . juin.
42. r. Tritophus. . . . . juin.

43.		Ziczac	mai 2.
44.	r.	Torva (Coll. de M. Wesmael). H.	juin ?
45.	r. {	Trepida . . . . Tremulæ god.	juin.
46.	r.	Chaonia.	mai 1.
47.	r.	Dodonæa (Coll. de M. Fallon). N.	mai ?
48.	r.	Melagona (Coll. de M. Fallon). N.	juin ?
49.	r.	Velitaris (Coll. de M. Wesmael). H.	juin ?
50.	r.	Bicolora	
51.		Dictæa	juill. 2 , août.
52.	r.	Dictœoïdes	juillet.

Orthorinia, *Boisd.*

53.		Palpina	juin.

Pygœra , *Ochs.*

54.		Bucephala	{ mai. juin. juillet.
55.	r.	Anastomosis. . . B. . . .	{ mai. juillet.
56.	r.	Curtula	{ mai. juillet.
57.		Anachoreta	{ avril 2. juillet.
58.	r.	Reclusa	{ mai. juillet.

Liparis , *Ochs.*

59.	r.	V-Nigrum	juillet 1.
60.		Chrysorrhæa.	juillet.
61.		Auriflua	juillet.
62.		Salicis.	juillet 1.
63.	* r.	Monacha	août 1.

64.	{	Dispar	juillet 1.
	{	Var. Mas. *Nigra*, *Nob.*	

Scricaria, *Latr.*

65.		Pudibunda.	avril, mai 1.
66.	* r.	Fascelina.	juillet 1.
67.	r.	Coryli. . . . . N. B.	juillet.

Orgyá , *Ochs.*

68.		Antiqua	{ juillet. / sept., octobre.
69.	* r.	Gonostygma. . . . . . A. L. N.	{ juillet ? / septembre 2.

Sous-tribu 5. *Psychidæ*, Boisd.

Psyche , *Schranck.*

70.	* r.	Nitidella. (Collection de M. de Se-lys). L. B.	25 mai.
71.	* r.	. . . . . (Collection de M. de Se-lys). L.	10 juillet.
72.	* r.	Albida. (Collect. de M. Carlier). L.	juin ?

TRIBU 3°. PSEUDOBOMBYCITES. (Chéloniens, *Boisd.*)

Emydia, *Boisd.*

73.	r.	Cribella . . . . . . L. N.	été.

Lithosia , *Ochs.*

74.	r.	Quadra.	juillet.
75.		Griseola	juillet.
76.		Complana (I).	juillet.
77.	r.	Complanula *Duponch.* (Collection de M. Polet) . . . . . . N.	
78.	r.	Unita. (Collect. de M. Polet). N.	

---

(1) M. Donckier possède une Lithosie qui semble plus voisine de la Gilveola *Ochsenh.*, que de la Complana.

79.		Aureola	mai.
80.		Mesomella.	juin, juillet.
81.	r.	Muscerda. (Collection de M. Wesmael). B.	juillet.
82.		Rosea	juin , juillet.
83.		Rubricollis.	juin 2.
84.	* r.	Ancilla . . . . . . A. L. N.	juillet.
85.	*	Irrorea.	mai 2, juin 1. juillet.
86.	* r.	Mundana . . . . Nuda *Hubn*.	juillet 2.

Euchelia , *Boisd*.

87.		Jacobeæ.	juin.

Callimorpha , *Lat*.

88.	r.	Dominula.	juillet 1.
89.		Hera . . . . Var.	juillet 2, août 1.

Chelonia , *God*., *Lat*.

90.	* r.	Russula	juin.
91.	*	Plantaginis . . . . Var. Hospita *Bork*	juin.
92.	?	Civica . . . . N?	juin ?
93.		Villica.	mai 2, juin 1.
94.		Caja	juillet, août 1.
95.		Fulliginosa	mai, juin 1.
96.		Mendica	mai.
97.		Urticæ. . . . . B.	juin ?
98.		Menthastri	mai.
99.		Lubricipeda.	juillet 1.

Voir la page 31.